DU CLIMAT
DE L'ÉGYPTE

Paris. — Imprimerie de E. MARTINET, rue Mignon, 2.

DU CLIMAT

DE L'ÉGYPTE

ET DE SON INFLUENCE

SUR LE TRAITEMENT

DE LA PHTHISIE PULMONAIRE

PAR

LE PRINCE IGNACE ZAGIELL

Docteur en médecine.

AVEC UNE CARTE

PARIS

VICTOR MASSON ET FILS

PLACE DE L'ÉCOLE-DE-MÉDECINE

M DCCC LXVI

1866

A

MONSIEUR LE PROFESSEUR

APOLLINAIRE BOUCHARDAT

Président de l'Académie de médecine.

TRÈS-ILLUSTRE MAÎTRE,

C'est à vous qu'appartient de droit la dédicace de cet ouvrage. C'est au cœur de la nature, en présence de ses phénomènes, que m'ont été inspirées ces pages.

A vous donc, l'observateur minutieux des secrets qu'elle renferme, l'hommage de la reconnaissance de votre très-humble, très-soumis et très-respectueux élève.

Prince IGNACE ZAGIELL,

Docteur en médecine.

PRÉFACE

Aux premiers âges du monde, les hommes comptaient leur vie par siècles. Cependant, alors, la science était vierge de disciples, le malade se guérissait sans médecin : l'homme vivait, attendant tout de Dieu, cherchant dans la nature, source puissante et féconde, le remède à ses maux. En un mot, il buvait la vie à sa source la plus pure, ignorant le poison qui pouvait en abréger le cours. De la coupe où nous buvons ne connaissant pas l'amertume, le sang dans ses veines coulait pur et calme comme ses jours.

Mais, peu à peu l'agglomération des individus s'établit comme une fermentation dans l'espèce humaine; le calme de cette existence primitive la fatigua : l'intelligence captive voulut ouvrir ses ailes, parcourir l'étendue de son immense domaine. Alors, plus de trêve, plus de repos! L'homme voulut tenter Dieu, analyser son œuvre, fouiller dans la nature, lui dérober ses secrets, mélanger dans la même coupe, et le principe de la vie, et celui de la mort. Pour sentir la joie, il inventa les pleurs! La fièvre du plaisir s'alluma dans les esprits. Au calme de la vie des patriarches succéda la bruyante orgie, la débauche aux mille bras enveloppa le monde : à côté du temple où la vertu repose, s'éleva le lupanar, sombre repaire d'où la jeunesse épuisée importa dans la société le premier germe de la dégénérescence. Puis la tombe, si éloignée du berceau, s'en rapprocha peu à peu, et, roulant sur cette pente, il arriva ce qui arrive aujourd'hui : la moitié de l'humanité naît pour mourir aussitôt.

De l'autre moitié, que reste-t-il, lorsque des germes impurs dont le sang se compose sortent les maladies, cette lèpre multiforme qui dévore le monde? Arrêtons-nous devant une seule, celle qui fait l'objet spécial de ce livre; demandons aux fleurs, aux cyprès des cimetières, si la phthisie n'est pas celle qui leur donne la plus ample pâture.

La phthisie! horrible fléau, presque le seul devant lequel reste sans effet la puissance de l'art.

La phthisie! qui vous condamne à mort sans appel.

La phthisie! le fléau héréditaire qui, du sein des mères, s'infiltre avec le lait dans le sang des enfants!

La phthisie! tombeau de l'humanité!

Dans ce résumé, nous venons de tracer l'esquisse de l'humanité depuis son origine jusqu'à nos jours. Ce que nous avons cherché surtout à prouver, c'est d'abord l'influence qu'exerça la nature sur les êtres, et la confiance que doivent nous inspirer les trésors de ressources qu'elle renferme en son sein.

A côté des générations séculaires nous avons placé la nôtre, si débile; nous avons énuméré les causes de cette débilité, de cette décadence.

Pauvres arbrisseaux près des grandes ombres qu'ont laissées d'eux nos pères, pourquoi ne pas demander aux mêmes sources de vie le remède, mystérieux secret que la nature a voulu garder, afin qu'à certaines heures nous nous souvenions de sa puissance ?

La première partie de cet ouvrage s'adresse surtout aux hommes de la science : c'est la démonstration des phénomènes physiques qui assurent au climat de l'Égypte une supériorité sur beaucoup d'autres; phénomènes ayant une action directe sur l'air qu'on respire, conditions essentielles à la santé, et surtout indispensables pour les gens affectés de maladie dont le siége existe dans les organes respiratoires, surtout la phthisie.

La seconde partie s'adresse autant aux gens du monde qu'aux gens de la science. Cette partie, traitant spécialement de la phthisie pulmonaire, renferme, nous le croyons, de sages et utiles conseils, un mode de traitement qui nous a souvent conduit à des résultats inespérés. Enfin, une sainte conviction nous animait en écrivant ces lignes : celle qu'il nous était possible de ravir au gouffre quelques pauvres victimes.

Ce que nous avons dit, beaucoup l'ont dit avant nous ; cependant, jusqu'ici, l'attention de la science n'a pas été suffisamment éveillée sur les heureux effets que l'on peut tirer du climat de l'Égypte : c'est le point important de notre ouvrage. Puissent ces lignes convaincre quelques malades ! la guérison de ces premiers sera le signal pour d'autres. Telle est la récompense que nous ambitionnons ; c'est la seule palme que le médecin aime à cueillir. Sinon guérir, tout au moins soulager son semblable qui souffre.

Le Caire, 3 mai 1866.

DU

CLIMAT DE L'ÉGYPTE

ET DE SON INFLUENCE

SUR LE

TRAITEMENT DE LA PHTHISIE PULMONAIRE

PREMIÈRE PARTIE

DE LA HAUTE ET DE LA MOYENNE ÉGYPTE

AU POINT DE VUE DU CLIMAT ET DE LA GÉOLOGIE.

I

Les anciens Égyptiens avaient si bien compris la mystérieuse influence des phénomènes de la nature sur le monde, que, reconnaissant en eux l'essence de la Divinité, ils crurent devoir honorer chacun d'eux d'un culte spécial.

L'Être suprême, qui, par sa volonté puissante, avait créé les êtres, devait naturellement, et c'était le complément de son œuvre toute divine, entourer ces mêmes êtres de principes entretenant en eux la vie, principes purement divins, appelés à leur donner en même temps que le souffle le sentiment de l'Être suprême.

De là le point de départ des religions, le besoin de l'âme de s'élever vers le Dieu immortel, deux choses bien distinctes, le ciel et la terre, Dieu et la créature!

L'homme, en extase devant tous ces phénomènes de la nature, malgré le sentiment d'une divinité présidant toutes les autres, ivre de reconnaissance pour chaque phénomène, institua un dieu, dressa un autel, sculpta un temple; de là le panthéisme, ce peuple de dieux dont la mythologie nous trace les fonctions, la puissance. Mais, malgré toutes ces divinités, une était reconnue suprême. Ainsi, chez les Égyptiens, le premier culte qui fut érigé, le fut au soleil, Kneph ou Amour, pour eux le grand créateur et le principe générateur de la vie dans toute la nature, la divinité suprême, le chef, le roi! Les autres divinités, divinités inférieures, composaient sa cour : c'étaient les dieux du Nil, de la terre et de l'air; puis vinrent les déesses Nephtys et Isis, dont les fronts resplendissaient couronnés d'un brillant soleil, image ou symbole de la Divinité suprême, de laquelle elles tenaient le droit de féconder le monde.

Cette influence exercée par les éléments sur les êtres a été de tout temps l'objet de recherches assidues de la part des hommes de la science. Vers la fin du siècle dernier surtout, guidés par Lavoisier, ils ont enrichi son domaine de vérités qui ne laissent plus à douter sur l'influence exercée par les quatre éléments sur les êtres organisés. Il serait trop long d'énumérer ici toutes les questions chimico-physiologiques qui ont été traitées, ce serait sortir du cadre restreint que nous nous sommes imposé. Nous nous bornerons donc, dans nos études climatiques et géologiques, à rechercher les lois naturelles qui régissent la vie du malade, et sous lesquelles se développe l'existence organique.

II

La situation de la moyenne et de la haute Égypte est entre le 30e et le 24e degré de latitude N., et entre le 28e et le 32e degré de longitude E. du méridien de Paris.

La surface de ces deux provinces est en plus grande partie montagneuse; au pied de ces montagnes, existent de vastes plaines formées par les couches limoneuses cultivables que le Nil y dépose depuis plusieurs milliers de siècles. Le Nil, qui est le seul fleuve du pays, le traverse du sud au nord. Dans la haute et dans la moyenne Égypte, ce fleuve coule dans une vallée étroite, limitée à l'est par la chaîne arabique et à l'ouest par la chaîne libyque.

La nature de ces deux chaînes est due à un soulèvement volcanique composé d'alluvion dans la plus grande partie, et en petite partie de lave en décomposition, ainsi que l'indiquent les montagnes avoisinant le Caire, appelées les montagnes Rouges.

La chaîne arabique est, pour l'Égypte et la Nubie inférieure, le centre du système géologique. Sous 28° 50′ de latitude N. et 30° 15′ de longitude E. de Paris, à trois lieues de la mer Rouge, près du couvent de Saint-Paul, s'élève, à une hauteur de 1000 mètres au-dessus du niveau de la mer, un banc de granit qui se prolonge vers le sud jusqu'au 18e de latitude N., et de là probablement jusqu'en Abyssinie.

Ce banc, tantôt s'élevant, tantôt s'abaissant, occupe des longueurs différentes, et se montre ou à découvert, ou couvert par d'autres roches. Du couvent de Saint-Paul jusqu'à la hauteur de Kheneh, au 26e de latitude nord, ce banc de granit est toujours dans le voisinage du sommet de la chaîne arabique, c'est-à-dire plus proche de la mer Rouge que de la vallée du Nil, et se montre, soit sur l'un des versants, soit sur l'autre, soit sur les deux à la fois. Du 26e au 24e degré de latitude, il se rapproche presque en ligne droite de la vallée du Nil, la traverse, et donne lieu à la cataracte d'Assouan.

A partir de ce point, ce banc de granit, s'abaissant en hauteur relative, s'élargit beaucoup ; le Nil passe sur lui, et se précipitant entre ses différents sommets, forme les cataractes si nombreuses de Wadi-Hagar, jusqu'à Dal, au 21e degré de latitude. Le granit s'éloigne alors et à nouveau du Nil, qui coule à l'ouest ; mais il survient de la chaîne libyque deux bancs latéraux qui, traversant le Nil, forment les cataractes de Kaybar et de Kanneh, tandis que la masse principale des granits se dirige vers le pays de Chogui, y devient la cause de nombreuses cataractes, et va se perdre ensuite dans la plaine d'Albara, entre le 18e et le 17e degré de latitude.

Autour de ce banc de granit se placent des roches de différentes natures. Au couvent de Saint-Paul, on rencontre près des granits les calcaires feldspathiques compactes, concrétionnés, lamellaires, et la craie. Mais, à mesure que sous cette latitude on se rapproche de la vallée du Nil, les roches calcaires dominantes s'entremêlent avec les roches siliceuses, sableuses, gypseuses, telles que gypse, albâtre, etc. Ces formations se continuent du côté gauche de la vallée du Nil jusqu'aux terrains quartzeux.

A mesure que l'on s'éloigne vers le sud par 29° de latitude, d'autres roches que les roches calcaires viennent se poser contre le granit, de telle sorte qu'il devient lui-même porphyroïde, et dans plusieurs endroits cède sa place au porphyre.

Différentes roches micacées, feldspathiques, talqueuses, schisteuses et allactiques s'y adossent et même s'y superposent. Contre elles viennent se ranger les grès, et, plus près de la vallée du Nil, les calcaires.

Ces dernières roches, à l'exception des environs du couvent de Saint-Paul, se tiennent toujours fort éloignées du granit, et, comme à Assouan, celui-ci traverse la vallée du Nil. De ce point, et assez loin au nord, on voit les derniers calcaires; on peut même dire que depuis Gebel, Selsilleh, montagnes de grès qui traversent la vallée du Nil par 24° 25′ de latitude et se dirigent vers le sud, on ne rencontre plus les calcaires que rarement, remplacés d'abord par le grès, qui se montre rarement près du Nil, et surtout par les roches feldspathiques, talqueuses et schisteuses, qui viennent se poser tantôt contre le granit, tantôt contre le porphyre, sans régularité aucune.

En admettant toutes les irrégularités possibles, on peut dresser le tableau géologique suivant de l'Égypte et de la Nubie inférieure.

1° *Base du système.*

Terrains typhoniens, plutoniens : granit et porphyre.

2° *Adossés ou couvrant n° 1.*

Terrains agalysiens, hyposaïques ; eurite schistoïde, amphibolite, micaschiste ; terrains agalysiens magnésiques, stéaschiste, talc chloritique.

3° *Adossés ou couvrant nos 1 et 2.*

Terrains abyssiques, houillers, psammites, argile schisteuse ; terrains abyssiques eutritiques, argilophyre, trappite ; terrains abyssiques conchyliens, calcaires conchyliens (versant de la mer Rouge) ; terrains abyssiques du lias, grès du lias.

4° *Adossés aux précédents terrains yzémiens pélasgiques.*

Calcaire compacte, calcaire corallique, craie, silex corné.

Terrains yzémiens thalassiques : lignite, sable quartzeux, gypse, calcaire grossier, calcaire siliceux, concrétionné et poudingiforme, gypse magnésite.

5° *Adossés aux précédents terrains clysmiens détritiques.*

Graviers, coquillons, galets.

L'espace et les fentes de ces terrains sont remplis par de la terre argileuse, composée de 0,43 de silice, 0,15 d'alumine, 0,12 d'oxyde de fer, 0,08 de chaux, 0,10 d'eau et 0,13 de matières organiques.

6° *Adossés aux précédents terrains d'alluvions.*

Gravier, terre végétale.

La nature de la terre végétale, dans la moyenne et dans la haute Égypte, est un mélange de terrains neptuniens, plutoniens et d'alluvions fluviatiles composées de dépôts de matières diverses à l'état arénacé très-subtil, mélangés et stratifiés avec des matières organiques azotées, de telle sorte que ces dépôts ont des gisements fort réguliers, unis dans un endroit par l'hydrate ferrique, dans l'autre par du carbonate calcique ou de la silice, de manière à former des masses poudingiformes ou grésiformes.

On observe dans la moyenne et dans la haute Égypte que la terre ne forme qu'une couche d'épaisseur inégale, très-variable dans sa composition et dans sa nature, et qui n'est recouverte que par du limon ou des terrains d'une formation récente plus ou moins mélangés de terreau, c'est-à-dire de substances végétales et animales passées à l'état terreux nitrogéné : ce qui accuse une grande force de végétation en Égypte.

Une coupe du terrain de la vallée du Nil laisse voir dans l'étage moyen des dépôts irrégulièrement stratifiés, renfermant des corps organisés, principalement des dents et des ossements appartenant aux genres éléphant, rhinocéros, hippopotame, cheval, cerf, bœuf, hyène, chat, chien, singe, etc., présentant généralement quelques différences avec les espèces actuelles et pouvant être considérés comme des espèces différentes.

On y trouve aussi des grappes de trilobites d'une nature différente de la nature actuelle ; ils sont composés de restes de reptiles et de poissons appartenant exclusivement aux plagiostomes ; on y rencontre des crustacés de la famille des trilobites, des céphalopodes, des ascocères, des cyrtocères, des gyrocères et des bactrites; des crinoïdes et des anthozoaires, des graptolites, des brachiopodes, des pentamères, des calcéoles, des strigocéphales, etc. On trouve avec ces débris d'animaux des restes d'une grande quantité de plantes qui présentent des espèces et des genres actuellement inconnus, appartenant à la classe des cryptogames acrogènes équatoriales.

Dans l'étage inférieur qui forme des masses adossées aux roches formant les flancs de la vallée du Nil, on trouve une couche de terrain crétacé mélangé d'argile, de sable, de chlorite et de mica. La craie y perd sa couleur blanche, et devient jaunâtre, grisâtre, verdâtre, composée d'un grand nombre d'espèces fossiles : de nummulites, de mytilites, d'ammonites, de turrulites, d'*Ostrea Leymeriei*, de *Physa Bristovii*, *Paludina sussesciensis*, d'*Ostrea gregaria*, d'*Ostrea virgula*, d'*Ammonites bifrons*, d'*Avicula cycnipes*, etc.

DE LA TEMPÉRATURE ET DE L'ATMOSPHÈRE EN ÉGYPTE.

La température de l'atmosphère, dans la moyenne et dans la haute Égypte, présente des variations. La couche d'air qui avoisine le sol subit des variations de température, suivant les latitudes, de 30° à 23° ; les unes peuvent être considérées comme générales, les autres particulières à certaines localités. Généralement la température s'élève depuis le lever du soleil jusqu'à trois heures de l'après-midi environ, pendant la saison du printemps, et vers les cinq heures en été; elle s'abaisse très-sensiblement, au printemps, depuis ce moment jusqu'au lever du soleil.

En Égypte, on ne connaît que deux saisons : le printemps, de novembre à février, et l'été, qui dure le reste de l'année.

Le tableau suivant indiquera les variations thermométriques à partir du lever du soleil.

Heures.	Degrés Réaumur.	Heures.	Degrés Réaumur.
5 1/4	7° à 8° 1/2	5 1/4	18° à 14°
7 1/4	9° à 10°	7 1/4	12° à 10° 1/2
9 1/4	12° 1/2 à 14°	9 1/4	9° à 7°
11 1/4	15° à 17° 1/2	11 1/4	6° 1/2 à 5°
1 1/4	19° à 21°	1 1/4	4° 1/2 à 3° 1/2
3 1/4	21° à 23°	3 1/4	3° à 3° 1/2

Dans la moyenne Égypte, en été, la température s'élève, pendant la journée, de 26° à 32° R., et de 28° à 36° dans la haute Égypte; régulièrement dans la nuit, le thermomètre ne s'abaisse que de 24° à 18° dans la moyenne, et de 26° à 15° dans la haute Égypte, surtout dans la couche d'air qui touche le sol, généralement échauffé par les rayons du soleil de la journée, qui, dans cette contrée, tombent toujours perpendiculairement. Si le vent vient du côté du désert, vent du sud ou sud-ouest, qu'on appelle khamsin, la température de la journée présente sur celle de la nuit une différence de 6° 1/2 à 10° 1/2 R.

Les Européens appellent ce vent *Khamsin*, dénomination impropre prise des Coptes, parce qu'il règne environ cinquante jours, surtout entre les fêtes de Pâques et de la Pentecôte.

Les Arabes l'appellent *chuud* et *chib*, quand il est très-chaud. Les vents du rumb S., froids au printemps, s'appellent *miriés*.

Les vents du sud et du sud-ouest élèvent la température de 8° à 12° R. en été, et l'abaissent d'autant au printemps. La raison de ce phénomène est dans la formation des terrains qui avoisinent l'Égypte.

De grandes plaines de sables, des montagnes nues, abandonnant très-facilement leur calorique, surchauffent l'air ambiant pendant l'été, et deviennent d'un froid glacial à l'époque du printemps. De là la différence de température que les vents S., S. O. et O. apportent en Égypte, tandis que les vents du rumb N. et S. E., soufflant par-dessus les mers, n'y apportent presque aucun changement.

Les vents du nord sont les plus fréquents en

Égypte. Ils sont réguliers et presque constants depuis le mois de juillet jusqu'à la fin d'octobre; ils deviennent variables depuis cette époque. Dans le mois de décembre, les vents froids du S. et S. O. prédominent. Ils durent la majeure partie de ce mois et du mois de janvier. Dans les mois d'avril, mai et juin, les vents chauds du S. O. et O. sont les plus fréquents.

On peut donc à priori se rendre aisément compte de la faible variation de la température en Égypte, puisque cette variation est en rapport direct avec la latitude et la manière dont le soleil tropical peut faire sentir son action sur le sol.

Il résulte, en effet, de cette dernière circonstance, que l'air chaud qui s'élève de la partie inférieure de l'atmosphère, parce qu'il est plus léger, plus dilaté, se refroidit de lui-même sans céder de sa chaleur aux couches environnantes.

En résumé, nous concluons, d'après nos observations pendant quatre années, que la température moyenne, au printemps, dans la moyenne Égypte, est de 12° R., et de 16° dans la haute. En été, dans la première province, 21° 1/2 R.; dans la seconde, 24° R. à l'ombre.

La température du sol augmente avec la latitude; cette élévation se fait sentir à un mètre de profondeur sous la surface.

Nous avons observé, dans des cavernes de la haute Égypte, une différence de 5° à 6° R. avec celle de l'atmosphère ambiante.

La température de l'eau du Nil, au printemps, est seulement de 2° à 4° R. plus froide que l'atmosphère ambiante; en été, de 2° à 3° R.; à la profondeur d'un mètre et demi, le thermomètre indique une température égale à celle de l'atmosphère ambiante. En voici la raison. Les eaux du Nil, ayant leurs sources sous l'équateur, absorbent, pendant leur parcours dans les régions équatoriales et tropicales, une énorme quantité d'air ambiant chaud; elles s'échauffent dans une telle proportion, que les sources alimentaires ne peuvent pas suffisamment se refroidir. En effet, leur température diffère suivant leur latitude.

DE L'HUMIDITÉ.

Depuis le Caire jusqu'à la deuxième cataracte, bien que les maisons soient basses, malpropres et mal construites en briques crues, on ne rencontre aucune trace d'humidité dans l'intérieur des habitations. Quand le vent du sud (khamsin) souffle, le sol et l'air deviennent tellement secs, que si l'on répand de l'eau par terre ou sur le parquet dans un appartement, l'évaporation a lieu dans l'espace de quelques minutes seulement.

C'est donc à cette sécheresse du sol toujours maintenue à un haut degré par l'absorption produite par l'air ambiant que nous devons attribuer l'état sanitaire des habitations, si défectueuses qu'elles soient, tant par suite de leur situation que par la pauvreté avec laquelle elles sont construites.

La terre limoneuse, composée de molécules excessivement fines, est tellement compacte, qu'elle absorbe à grand'peine l'eau dont on la recouvre. Cette eau, avant de pouvoir pénétrer dans la terre solidifiée par l'ardeur des rayons du soleil, est en grande partie volatilisée par la chaleur de l'air ambiant; ce qui oblige les cultivateurs à un arrosage considérable recouvrant le sol d'une nappe d'eau ayant 7 ou 8 centimètres de profondeur. L'eau n'est absorbée que par une couche superficielle n'ayant pas plus de 8 à 12 centimètres; toute la profondeur de la terre, au-dessous de cette mesure, reste excessivement sèche pendant trois mois dans la moyenne, et six mois dans la haute Égypte.

Depuis le 25 août jusqu'au 25 septembre, époque régulière et fixe de l'inondation du Nil, les eaux s'infiltrent dans les terres de la plaine nilotique, et lorsque le sol fort imbibé d'eau possède une température plus élevée que l'air ambiant, alors, de deux à quatre heures du matin, il se forme un brouillard épais, déposant sur la surface de la terre une infinité de petits globules d'eau, bientôt séchés par un courant d'air sec traversant la vallée dès que l'ardent soleil signale son lever.

Cette humidité se fait peu sentir dans l'intérieur des maisons : avec la précaution d'en fermer les ouvertures, l'humidité n'y pénètre pas. Les dehabies mêmes (petites barques construites pour la navigation sur le Nil) en sont à l'abri, si, pendant la nuit, on a le soin d'en fermer les portes ou les fenêtres.

L'humidité de l'atmosphère proprement dite varie avec les vents : elle augmente lorsque le vent souffle entre le nord et le nord-est ; elle est aussi faible que possible quand il tourne au nord-ouest et à l'est ; elle est tout à fait insensible quand le vent souffle entre le sud et le sud-ouest.

En effet, la quantité de vapeurs est à latitude égale ; elle diminue à mesure qu'on pénètre dans la haute Égypte, et dans le continent des déserts qui avoisinent la vallée du Nil, laquelle, étant tout à fait aride, n'est le siége d'aucune évaporation, l'extrême chaleur, augmentée de la réverbération du sable, s'oppose aux précipitations aqueuses.

Les nuages sont très-rares, ils apparaissent quelquefois aux mois de décembre, janvier et février ; ce qui dénote la continuité de sécheresse dans la couche supérieure de l'atmosphère.

Le brouillard qui trouble quelquefois, pendant la saison du printemps, la transparence constante de l'atmosphère, se condense à la surface de la terre en rosée qui fournit aux végétaux un des éléments importants de leur existence.

La pluie est très-rare dans la moyenne et dans la haute Égypte ; cependant quelquefois, au printemps, elle apparaît à de très-rares intervalles et pendant très-peu de temps. Pendant quatre années de séjour en Égypte, nous avons fait les observations suivantes : au mois de novembre, il a plu deux ou trois jours consécutivement ; au mois de décembre, un ou deux jours; au mois de janvier, deux ou trois jours; au mois de février, un ou deux jours. La durée de la pluie n'excède guère quinze à trente minutes ; quelquefois, au mois de janvier, elle tombe pendant une heure et demie, avec des intermittences, mais toujours sans orage. En général, la pluie est excessivement fine et douce, accompagnée du vent du sud-est, rarement de celui du nord-est.

La pluie ne dépasse jamais le 26e degré de latitude nord : à Thèbes, elle est excessivement rare ; dans la province d'Esneh, elle est presque inconnue.

L'air, dans ces contrées, est excessivement sec. Il se compose de 21,7 d'oxygène et de 78,3 d'azote dans la vallée du Nil; au désert, il se compose de 22,4 d'oxygène et de 77,6 d'azote pour 100. La quantité d'acide carbonique qui entre dans la composition de l'air, dans la vallée nilotique, varie de 1 à 2 dix-millièmes; au désert, point de traces.

On ne rencontre jamais en Égypte, dans la composition de l'air atmosphérique, l'oxyde de carbone et l'hydrogène carboné, ainsi que cela se présente souvent en Europe. A Alexandrie, à l'embouchure du canal Mahmoudieh, nous avons constaté dans la composition de l'air atmosphérique la présence d'hydrogène sulfuré, mais en très-minime quantité. C'est sans doute à cela que nous devons attribuer l'intensité des ophthalmies, des fièvres, de la dysenterie et même du choléra, dans cette partie de l'Égypte, et surtout sur les bords du canal Mahmoudieh.

D'après MM. Daniell et Gavarret, la présence de ce gaz dans l'air atmosphérique est due au mélange des eaux douces avec les eaux salées. La réduction des sulfates en présence des matières organiques contenues dans l'eau de mer donne naissance à une petite quantité d'acide sulfhydrique qui, d'abord dissous dans l'eau, s'échappe ensuite dans l'atmosphère (Gavarret).

Nous savons par l'expérience que $\frac{1}{1300}$ d'hydrogène sulfuré mélangé à l'air produit une influence pernicieuse sur la respiration, la rend incomplète et provoque l'altération du sang.

La pression atmosphérique dans la moyenne et dans la haute Égypte est presque constante. Au printemps, c'est-à-dire aux mois de novembre, décembre, janvier et février, elle ne dépasse pas 757^{mm},48 ; en été, elle est de 748 à 750 millimètres. Mais elle est variable sous l'influence des vents et des latitudes. En général, elle diminue pendant le vent du sud (khamsin). Ce phénomène s'explique par la chaleur excessivement sèche qui survient quand ce vent souffle : cette chaleur exerce sur l'atmosphère une influence telle, que la dilatation de l'air devenant considérable, la pression atmosphérique se trouve de beaucoup diminuée.

Vers le 23e degré de latitude, la pression atmosphérique diminue progressivement. En effet, la moyenne de cette pression au printemps est 752^{mm},75; la moyenne d'été, 730^{mm},30; la moyenne pendant le vent du sud, 742^{mm},52; la moyenne du 30e au 23e degré de latitude nord, 746^{mm},48. Alors la pression moyenne exercée dans ces contrées sur la surface du corps de l'homme adulte peut être estimée à 16 742 kilogrammes.

DE L'ÉLECTRICITÉ.

Nos recherches des phénomènes électriques de l'atmosphère, dans les différentes saisons et aux différentes heures de la journée, nous ont amené au résultat suivant : Les expériences concernant la mesure de l'électricité atmosphérique, dans la moyenne et dans la haute Égypte, nous ont donné l'insensibilité complète de l'électromètre dans la couche atmosphérique qui touche le sol à la hauteur de 100 à 105 mètres. Nous avons employé, pour nous en assurer, le moyen suivant : une balle de caoutchouc remplie de gaz hydrogène et traversée d'un conducteur métallique a été fixée à l'électromètre avec un fil partant du conducteur.

Mais, comme l'expérience était faite par un temps serein, dans un air sec, loin des arbres et des habitations, nous avons répété la même expérience par un temps couvert et brumeux, au mois de décembre : le résultat a été absolument le même.

Au-dessus de 105 à 200 mètres, la sensibilité de l'électromètre augmente progressivement, et indique que la couche supérieure de l'atmosphère est chargée d'électricité vitrée. En cela nous tombons d'accord avec les recherches de M. Pelletier, qui démontrent que l'électricité disséminée dans l'air sec est toujours vitrée. (*Annales de chimie et de physique*, avril 1842, t. IV, p. 407.)

Pendant le vent du sud très-sec (khamsin), nous avons observé que les feuilles d'or de l'électromètre ont commencé à se mouvoir au-dessus de 151 mètres d'altitude.

En 1865, le 27 et le 28 décembre, pendant une pluie légère, sans orage, nous avons observé l'écartement des feuilles d'or dans l'électromètre, marquant de 2 à 3 millimètres dans les couches inférieures de l'atmosphère chargées d'électricité résineuse.

D'après la théorie de de la Rive (*Traité d'électricité*, t. III, p. 191), les sources de l'électricité dans l'atmosphère sont rapportées à des vapeurs qui s'élèvent des parties liquides et solides du globe, lesquelles sont les véhicules amenant l'électricité dans l'atmosphère.

Nos recherches pendant la sécheresse et pendant l'inondation du sol par les eaux du Nil ont démontré que la théorie de de la Rive ne peut recevoir son application en Égypte; le silence de l'électromètre nous en donne la preuve.

D'après nous, les véritables causes de l'électricité en Égypte sont produites par les eaux du Nil, saturées dans leurs véritables sources par les pluies d'orages de l'équateur. Ces eaux perdent une grande partie de cette électricité dans leur parcours sous la zone tropicale, du 20e au 25e degré de latitude ; mais cette déperdition se trouve compensée par l'électricité qui se dégage du limon de la plaine, broyé sur les bancs rocheux ; de là la couleur brune spéciale aux eaux du Nil. De cette action chimico-mécanique continue du liquide sur l'écorce solide naît l'électricité négative qui sature les eaux en question.

C'est aussi à cette cause que nous devons attribuer la nombreuse quantité de poissons électrogènes qui habitent les eaux de ce fleuve, tels que les raies (*Raia batis*, *Raia clavata*) et la torpille vulgaire.

RÉSUMÉ.

L'électricité contenue dans les eaux est donc nulle ou à peu près, venant des nuages ; puisque, comme nous venons de le démontrer, cette électricité, produite par les orages de l'équateur, se neutralise et se perd par suite du long parcours des eaux sous la zone torride, à l'abri des nuages au milieu desquels se condense l'électricité donnant naissance aux orages. C'est donc surtout par l'action continue des eaux sur les bancs rocheux qu'elles se chargent de l'électricité qu'elles renferment.

DE LA FERMENTATION PUTRIDE, OU PUTRÉFACTION.

Dans la moyenne et dans la haute Égypte, la fermentation putride est très-difficile, pour ne pas dire impossible. Nous avons fait cette expérience dans un de nos voyages dans la haute Égypte : un morceau de viande du poids de 3 kilogrammes, exposé en plein air, est devenu, au bout de trois semaines, sec, complétement momifié, sans aucune décomposition de la matière organique, sans développement de gaz infects, tels que l'acide sulfhydrique, etc.

Cette expérience a été renouvelée plusieurs fois, toujours nous avons obtenu le même résultat.

En 1865, pendant l'épizootie, nous avons observé des cadavres de bœufs entiers, sur les bords du Nil, desséchés sans aucune trace de putréfaction.

A quoi devons-nous attribuer ce phénomène? En voici la raison. Point d'humidité, l'air sec et chaud; l'atmosphère remplie, à certaines heures du jour, de molécules minérales soulevées par les vents. Ces molécules, poussière salifère composée de substances solubles, telles que : le sel marin nitreux mélangé de chlorure calcique et magnésique, les granules calcaires siliceux, ferrugineux (l'oxyde de fer), micacés surtout du silicate d'alumine.

On trouve aussi, dans la composition de la poussière, en petite quantité, des tissus végétaux, tels que fragments de fibres végétales et de cellules d'espèces diverses, de spores de cryptogames, de tissus animaux : ainsi des écailles d'insectes, cellules épithéliales desséchées, et même des fragments d'animaux articulés, etc.

Alors, les corps organiques exposés à l'influence de l'atmosphère en question, sont saupoudrés par la poussière minérale, dont la composition chimique, sous l'influence du soleil ardent, agit comme desséchant antiseptique, et s'oppose complétement à la putréfaction.

Nous avons observé dans la haute Égypte des os d'animaux qui, exposés à l'influence de l'atmosphère, se calcinent au bout d'un mois.

La fermentation végétale est également impossible dans cette contrée. Les différents fruits, surtout les dattes, se sèchent sur les dattiers, sans aucune fermentation ; tandis que les mêmes dattes, à Alexandrie, lorsqu'elles restent après maturité attachées à l'arbre, passent par la période de la fermentation putride.

D'après les expériences de M. Pasteur, les vibrions, les plus petits infusoires, le *Monas crepusculum* et le *Bacterium termo*, qui provoquent la putréfaction, périssent dans l'oxygène.

Alors, l'air sec et riche en oxygène, le soleil ardent, l'atmosphère remplie de molécules minérales saupoudrant le corps mort exposé au contact de l'air, tous ces agents antiputrides mettent obstacle à la décomposition spontanée et au développement des vibrions, en les transformant en produits calcinés, desséchés, momifiés.

L'exemple nous le confirme par les corps morts trouvés dans les tombeaux égyptiens à différentes époques ; même ceux qui n'avaient pas été embaumés, s'étaient calcinés et momifiés sans putréfaction préalable. Il faut l'attribuer à l'habitude qu'avaient les anciens Égyptiens d'exposer les corps de leurs morts pendant plusieurs mois à l'influence de l'air sec dans des catacombes spécialement construites pour cet usage, et dans lesquelles la température était plus élevée que celle de l'air ambiant extérieur ; ensuite ils les plaçaient dans des tombeaux.

Exemple : En 1865, M. D. Gree mourut à Kheneh, sous le 25e degré de latitude ; le corps fut enseveli dans le sable à la profondeur d'un mètre. L'année suivante, la famille fit transporter le mort au Caire : il était complétement desséché, momifié, sans aucune décomposition cadavérique.

Nous avons observé, dans la haute Égypte, chez les indigènes, que les plaies produites par les causes traumatiques ou autres, les ulcérations de différentes espèces, même syphilitiques, exposées au contact de l'air, s'oblitèrent au bout de dix à quinze jours, quelquefois sans suppuration préalable.

Les fractures multiples, dans les différents endroits anatomiques, comme les fractures des extrémités, des clavicules, des côtes, se guérissent promptement sans mortification des parties malades.

Les gangrènes, les leucorrhées, les écoulements de différentes natures, sont excessivement rares et de courte durée.

Mais si les malades indigènes contractent ces maladies dans un autre climat, même d'autres maladies, la guérison en devient très-difficile, pour ne pas dire impossible ; de telle sorte qu'ils sont obligés de revenir en Égypte suivre leur traitement.

DEUXIÈME PARTIE

PHTHISIE PULMONAIRE.

DE LA RESPIRATION ET DE L'ALIMENTATION

AU POINT DE VUE DU CLIMAT DE L'ÉGYPTE.

Notre but est de prouver combien est grande l'influence sanitaire de ce climat sur la respiration et l'alimentation, sans nous occuper du mécanisme de la respiration, longuement et savamment traité dans un grand nombre d'ouvrages physiologiques.

Dans la première partie de cet ouvrage nous avons démontré que, d'après sa composition chimique, l'air, dans les provinces égyptiennes, est excessivement pur, exempt de tout mélange vicieux, et surtout très-peu chargé en acide carboniqué, conditions très-favorables au mouvement des organes respiratoires.

D'autres observations nous ont amené à remarquer que, malgré la mauvaise disposition des habitations, la malpropreté qui y règne, la misère des vêtements, la pauvreté de la nourriture peu alimentaire, la respiration de l'air pur favorisait l'alimentation, résidant dans l'oxydation régulière du sang, et l'assimilation de l'azote par l'organisme insuffisamment nourri.

D'après Lavoisier et Séguin, un homme adulte absorbe par jour 1015 grammes d'oxygène. Que l'on suppose à cet homme 12 000 grammes de sang contenant 80 pour 100 d'eau; pour transformer complétement son carbone et son hydrogène en acide carbonique et en eau, il faut 4271 grammes d'oxygène, quantité qui pénètre dans le corps d'un adulte en quatre jours et cinq heures. D'autre part, en déterminant les quantités de carbone ingéré par les aliments, ou rejeté par les fèces ou les urines, à l'état non brûlé, on trouve qu'un homme adulte consomme par jour 435 grammes de carbone, qui, pour s'échapper par la peau et par les poumons à l'état d'acide carbonique, exigent 1157 grammes d'oxygène. Si cette quantité d'oxygène que l'expérience nous présente comme nécessaire aux fonctions de l'organisme ne se trouve pas dans l'air respirable, il est évident que, malgré la plus grande liberté de mouvements et la meilleure gymnastique de la poitrine, la nourriture la plus choisie devient insuffisante, lorsque l'air est pauvre en oxygène, et surtout s'il contient des substances dangereuses et contraires à l'oxydation de l'organisme.

Qu'il nous soit permis de nous élever en contradicteur contre ceux qui cherchent à prouver que la respiration d'un air sec et chaud, privé de toute saturation vicieuse, ne peut être salutaire aux affections pulmonaires. C'est donc bien à tort que le docteur Schnepp, dans son ouvrage (*Climats de l'Afrique septentrionale*, p. 311), cherche à nier la bienfaisante influence du climat de l'Égypte sur les malades de cette catégorie, pendant les mois de mars, avril, etc.

A ces prétentions exagérées nous opposons notre expérience de trois années; et les recherches statistiques de M. le professeur de l'Ecole de médecine au Caire, qui, pendant douze années, ont présenté les résultats suivants :

Sur 18 000 malades indigènes des deux sexes,
8 000 enfants de tous âges,
300 Bédouins,

il n'a été constaté que 18 cas d'affections tuberculeuses (la plupart chez les femmes), 22 pneumonies, 862 bronchites catarrhales (la plupart chez les vieillards et chez les enfants).

C'est fort de ces expériences que nous nous croyons autorisé d'exalter la supériorité du climat de l'Égypte comme étant le seul sous l'influence duquel la respiration et l'alimentation fonctionnent le mieux, même chez les gens privés d'une bonne nourriture insuffisamment azotée.

C'est sans nul doute à ces conditions climatiques que nous devons attribuer, chez les indigènes, le nombre si rare des affections qui attaquent les organes producteurs, c'est-à-dire de la rate et des ganglions lymphatiques disséminés dans les différentes parties du corps, et exerçant sur le sang, le plus noble des liquides, une influence pathologique. Le sang bien renouvelé, régulièrement oxydé dans l'air pur, sous l'influence de l'atmosphère égyptienne, ne s'appauvrit ordinairement pas en corpuscules rouges, et n'affecte pas les ganglions lymphatiques sous la forme de scrofules, contre lesquelles les soins les plus minutieux souvent restent infructueux pour rendre aux organes générateurs ce qui leur manque pour ramener le sang dans sa composition normale.

Or, le sang ne se renouvelle pas, lorsque les cellules, sources de ce renouvellement, se trouvent en dehors de la composition de l'air respirable, qui correspond au besoin de l'élimination physiologique du sang. — Ainsi nous observons qu'un homme obligé de vivre dans une atmosphère viciée devient dans un état d'appauvrissement du sang tel, que, de jour en jour, on voit la pâleur décolorer son visage, malgré une nourriture choisie, inapte à remédier aux vices de l'atmosphère. C'est surtout dans ces conditions que les affections pulmonaires se développent.

La chlorose n'est donc pas une maladie spéciale aux pauvres et aux affamés ; elle est, comme toutes les autres maladies du sang, la conséquence d'une atmosphère viciée, sous l'influence de laquelle s'altèrent les organes producteurs d'où le sang tire son origine.

DE LA PHTHISIE PULMONAIRE ET DE SA NATURE.

Aurelius Celsus avait raison lorsqu'il disait : « Un rhume négligé est une phthisie commencée. » Il faut que l'humanité se pénètre bien de cette vérité, malgré les contradicteurs nombreux qui, de nos jours, repoussent l'opinion du vieil Hippocrate, en classant la maladie tuberculeuse parmi les maladies essentielles. Trop d'exemples malheureux viennent rendre témoignage de la vérité à l'opinion du vieil Aurelius Celsus, pour que nous puissions en contester la valeur. L'ancienne expression de rhume négligé peut donc s'appliquer aux malades qui, à la suite d'un rhume, contractent la maladie tuberculeuse, maladie qui se développe d'autant plus facilement, que le malade pouvait avoir une prédisposition susceptible de favoriser ce développement.

Cependant, en principe, la phthisie ne débute jamais par un rhume, ce dernier ne peut qu'y prédisposer. Comme toutes les autres maladies, à l'exception des traumatiques, elle résulte d'une affection nerveuse du système vaso-moteur appartenant à l'appareil circulatoire vasculaire qui distribue son influence, et du système nervi-moteur qui, par ses agents extérieurs, est susceptible de produire le phénomène de la maladie dans les centres nerveux, pour de là être transmis aux autres organes par ses branches périphériques.

Dans cet ouvrage spécialement consacré au traitement de la maladie pulmonaire, nous devons indiquer toutes les causes paraissant susceptibles de la développer. Pour les individus ayant déjà une prédisposition à la contracter, ou une certaine atteinte de la maladie, les climats froids et humides sont excessivement dangereux : ainsi, la Russie, la Pologne, l'Angleterre, l'Allemagne, la Suède, la Norvége, etc., ont un climat favorisant le développement du mal ; le séjour habituel dans un local où l'air n'est pas suffisamment renouvelé, tel que les ateliers, surtout les prisons, etc. ; les professions exigeant la privation complète de la gymnastique du corps ; l'habitude de faire de la nuit le jour, la débauche, les excès de toutes sortes, les orgies; en un mot, la vie orageuse des grandes villes, etc. ;

une alimentation insuffisante ou de mauvaise qualité ne fournissant pas au sang une nourriture satisfaisante, et produisant la rupture de l'équilibre dans la répartition de l'oxygène dans les différents organes : ainsi, une altération des fonctions digestives qui ont un certain retentissement dans les phénomènes respiratoires; la mauvaise habitude qu'ont certaines personnes de mettre obstacle à la dilatation de la cage pectorale par l'usage immodéré du corset. Les causes les plus communes sont celles qu'on appelle *héréditaires*, c'est-à-dire venant des parents, soit par un germe déjà existant chez eux, ou les suites d'un allaitement insuffisant par une mère faible et malade. Il est évident que cette nourriture anormale, contenant, dans sa composition, un germe maladif, augmente les prédispositions à la maladie pulmonaire, si déjà l'homme, en naissant, porte en lui des vices de sang transmis par ses parents.

Les premiers indices qui signalent la maladie pulmonaire sont les troubles du système nerveux de la vie animale et organique composant essentiellement les tissus nerveux centraux et périphériques, sensitifs, nutritifs et moteurs. Il est une chose très-regrettable, c'est qu'au début de la maladie, lorsque le poumon a déjà une partie de ses tissus impropres à remplir leurs fonctions, c'est alors que le malade vient nous consulter; souvent même il est entré dans la troisième phase de la première période, ce qui nous rend plus difficile la juste appréciation des symptômes qui ont précédé la maladie. Les anciens avaient déjà observé cette phase que nous appelons catarrhale, qui, négligée chez les individus prédisposés à la phthisie, détermine bientôt le développement successif des tubercules pulmonaires.

Si, au contraire, le malade, par une négligence coupable, n'attendait pas un état plus grave pour réclamer nos soins, alors il nous serait facile de circonscrire le mal dans des limites qu'il ne pourrait dépasser, et bien certainement le nombre des phthisiques serait loin d'atteindre le chiffre énorme, désolant, qui, chaque jour, tend à s'augmenter.

Il serait à désirer que la bibliothèque de la famille s'augmentât d'un ouvrage semblable à celui que nous publions, afin de se mettre ainsi en garde contre le redoutable ennemi, plaie horrible, terrible, épouvantable, qui ronge et fait s'acheminer chaque jour vers la tombe une si grande portion de l'humanité.

Nous nous adressons surtout aux mères de famille, dont l'inépuisable tendresse pour leurs enfants nous est la garantie de l'empressement avec lequel elles accepteront nos conseils. Avec cette double vue qui leur est instinctive, elles sauront reconnaître la présence du mal, nous le signaler. Ainsi, elles fermeront cette source amère de larmes, éviteront ce pénible calvaire dans lequel elles suivent pas à pas le pauvre poitrinaire, jusqu'à ce qu'il disparaisse dans le gouffre sans fond de la mort.

C'est surtout sur les paragraphes qui vont suivre que doit se porter leur attention. Nous allons leur montrer l'ennemi dépouillé de son masque, le suivant pas à pas dans sa marche lente, inappréciable au début, comme pour mieux saisir sa victime, et mettre entre elle et l'art une barrière tellement infranchissable, que ce dernier est souvent impuissant, à tel point qu'il faut se résigner à contempler la tombe longtemps avant le dernier soupir.

PREMIÈRE PÉRIODE.

La première période de la maladie pulmonaire se divise en trois phases ou formes que nous désignerons ainsi :

Première phase : nerveuse.
Deuxième phase : inflammatoire.
Troisième phase : catarrhale.

Première phase. — Pendant cette phase, les malades éprouvent des troubles dans les divers appareils de la vie organique, un affaiblissement progressif, paresse, chagrin, faiblesse morale, rêvasserie, apathie dans les occupations habituelles, diminution de l'appétit, nausées, toux sèche, courte ; chez les personnes délicates, un léger frisson ; douleurs fixes ou mobiles dans les parois de la poitrine ; quelquefois la douleur est aiguë, mais passagère ; la toux augmente pendant l'aspiration sans mouvement fébrile.

En général, les malades ont l'habitude de négliger cette première phase de la maladie, qui, au bout de quelques jours, passe à l'état de la seconde phase ou inflammatoire.

Deuxième phase. — Cette phase de la maladie se déclare ordinairement par suite de la persistance des causes précédentes; sous l'influence d'une mauvaise hygiène, d'une fatigue exagérée, d'un refroidissement pendant la saison froide ou par le changement d'atmosphère. Le phénomène initial qui caractérise cette phase est un mouvement fébrile intense avec accélération du pouls et chaleur de la peau, véritable symptôme d'affection du système vaso-moteur de la circulation capillaire, qui se traduit d'abord par l'accélération du mouvement du sang dans les vaisseaux, pour ensuite devenir stationnaire (*stasis*) ; de manière que le sang, ne pouvant être suffisamment renouvelé, perd sa propriété nutritive : la nature le forçant de s'oxyder par la respiration exagérée, il se charge en acide carbonique, irrite la membrane muqueuse de l'organe respiratoire. La maladie entre alors dans la troisième phase ou catarrhale.

Troisième phase. — Cette phase débute par une vive sensation de chaleur dans la poitrine, par une oppression prononcée, une dyspnée gênante; la respiration augmente de fréquence quelquefois, s'accélère sans que la fréquence du pouls augmente dans la même proportion : on observe deux respirations pour un seul battement du pouls; la céphalalgie frontale accompagnée d'une sécrétion plus abondante de la muqueuse, un écoulement abondant du nez, des éternuments fréquents. Puis le mouvement diaphragmatique s'exagère par la fréquence de la toux, et la difficulté qu'on éprouve pour l'expectoration; le malade éprouve une très-grande difficulté à chasser la mucosité accumulée dans les petits calibres des bronches, à cause du rétrécissement spasmodique du thorax produit par les efforts et les difficultés de la toux. Au début, les crachats sont visqueux, mêlés d'écume : exposés dans un verre d'eau, ils surnagent, soutenus par des filaments qui se précipitent au fond du verre. Plus tard l'expectoration devient striée de sang, qu'amène une toux laborieuse et rude.

Souvent on observe chez les malades catarrheux des

accès de toux si violents, qu'ils durent parfois près d'une heure, et se terminent par une expectoration abondante striée de sang, d'un aspect tout particulier, ayant la forme de petits vaisseaux, comme d'un tube rempli de sang, membrane mince, cellulaire, très-distincte au microscope. En effet, à la suite des efforts violents de la toux, il s'opère une dilatation générale du thorax; alors la poitrine se bombe, surtout en arrière; survient l'état emphysémateux provoquant la voussure partielle de la poitrine. A mesure que la maladie progresse, la sonorité du thorax augmente, accompagnée du râle sibilant, provoqué par une infiltration d'air dans le parenchyme des poumons, suite de la rupture des vésicules.

Un peu plus tard les crachats deviennent plus consistants, opaques, blanchâtres, accompagnés du râle muco-crépitant. C'est alors un vrai catarrhe de la membrane muqueuse des voies aériennes, correspondant au rhume négligé de Celse et au rhume dégénéré de Beau.

La négligence dans ces conditions, surtout chez les individus prédisposés à l'affection pulmonaire, provoque un très-grand développement de cette affection. Cet état est la conséquence imminente du développement de la consomption, si funeste à la race humaine dans certaines contrées de l'Europe. Si, au contraire, le malade se soigne, suit les conseils d'hygiène qui lui seront donnés et un bon traitement, l'état catarrhal, au bout de deux à six semaines, passe à une résolution complète, se caractérisant par les symptômes suivants : La peau devient humide ; les crachats prennent un aspect jaunâtre, verdâtre, se détachent avec facilité ; on entend le râle muqueux à grosses bulles ; absence du mouvement fébrile ; toux moins fréquente pendant le sommeil. La dilatation du thorax disparaît, la poitrine reprend sa conformation naturelle ; le catarrhe arrive à se guérir complétement.

Si, au contraire, le catarrhe ou rhume négligé passe à l'état chronique chez les individus spécialement prédisposés par leur constitution générale, ou par la difformité congénitale de la cage thoracique, ou mécanique par l'abus du corset, etc., obstacles empêchant la dilatation naturelle des poumons et la vivification du sang, alors survient inévitablement la deuxième période de la maladie, ou période phthisique.

DEUXIÈME PÉRIODE, OU PHTHISIQUE.

Aspect général. — L'aspect général du malade présente les remarques suivantes : Idées justes, réponses nettes ; esprit inquiet, paresseux ; les traits expriment la souffrance. Généralement le malade s'irrite et s'emporte facilement sous l'empire de la moindre contrariété. La saillie des pommettes se prononce et tranche sur la pâleur ordinaire du reste de la face ; céphalalgie frontale habituelle ; douleurs locales dans les diverses régions de la poitrine, surtout entre les deux épaules et dans la deuxième région intercostale ; fièvre continue, surtout vers midi, pendant le repos et vers les quatre heures du matin, se terminant par des sueurs partielles sous les aisselles.

Les symptômes les plus caractéristiques indiquant le développement certain de la phthisie sont : L'expiration prolongée, bien distincte et rude ; le bruit respiratoire faible ; râle limité en arrière à l'un des sommets des poumons, plus souvent à droite qu'à gauche, persistant dans le même point et assez semblable au ronron du chat endormi. Autour de ce point on entend une respiration soufflante et sèche ; la percussion nous donne des sons obscurs, sans matité absolue ; les crachats sont granuleux et jaunâtres. Hémorrhagie ou hémoptysie provenant du parenchyme pulmonaire de la membrane muqueuse, occasionnée par la rupture des parois des vaisseaux capillaires bronchiques congestionnés et distendus, caractérisée par la sensation comme d'un liquide chaud remontant derrière le manubrium sterné. Le malade ressent au goût une saveur toute particulière, comme d'un jus de réglisse un peu salé; il expectore du sang vermeil et écumeux, ou des mucosités sanguinolentes. Après l'expectoration, un chatouillement dans la gorge excitant l'envie de tousser. Ce phénomène produit chez les plus courageux une impression de langueur affligeante, très-pénible; ils deviennent pâles; quelquefois même les personnes délicates et faibles tombent en défaillance: on entend dans la poitrine un râle humide et comme une espèce de bouillonnement.

Ce symptôme est pour le malade comme un signal d'alarme. Le sang qui colore les crachats expectorés, réveillant en lui l'instinct si puissant de la conservation, lui fait alors seulement sentir de la blessure la cruelle et effroyable atteinte; le cœur semble bondir en sentant son bouclier désormais moins puissant à le protéger; et, comme s'il sentait la mort, il s'abîme dans un élan de suprême terreur. Ainsi qu'un soldat dont la bravoure a défié tous les périls du champ de bataille, devient pusillanime lorsque la maladie menaçante lui annonce la mort, ainsi du malheureux phthisique, lorsque après avoir bravé les premières atteintes du mal, il finit par en comprendre la gravité à l'aspect de ce sang que sa poitrine a vomi.

Pauvres chers malades! victimes du plus horrible et du plus sombre mal, attention! Garde à vous! Ce signal est peut-être le dernier, profitez-en ; dans quelques jours, quelques heures peut-être, et notre science inhabile en vain luttera contre lui ! Pendant qu'il en est temps encore, n'hésitez pas à observer strictement toutes nos prescriptions. Choisissez ! deux chemins devant vous sont ouverts : l'un doit vous ramener à la vie, l'autre conduit à la tombe !

L'hémoptysie que nous venons de décrire cesse ordinairement au bout de deux ou trois jours ; les crachats ne sont plus mêlés de sang, ils deviennent plus opaques, d'une couleur d'un gris pâle ; un peu plus tard, ils deviennent purulents, par suite de la métamorphose caséo-albumineuse produite par le séjour du sang dans les alvéoles, ce qui provoque la destruction des vésicules bronchiales et des parois alvéolaires. Enfin, les malades maigrissent progressivement ; la peau devient sèche, mince, pâle, d'une teinte citrine ; insomnolence, sueurs nocturnes plus abondantes. L'appétit se conserve, quelquefois même augmente ; une fièvre légère suit le repas de midi.

Ainsi donc la diminution des globules, l'augmentation de la fibrine du sang, l'existence au milieu d'un air vicié, la mauvaise qualité des aliments, la fréquence des catarrhes, la faiblesse de la constitution, la diathèse scrofuleuse, la négligence d'un traitement convenable et rationnel, sont toutes causes, à la suite d'un temps plus ou moins long, qui amènent une prédisposition très-grande à la formation des tubercules et au développement d'une troisième période de la maladie, ou période destructive.

La durée de la seconde période est difficile à apprécier; quelquefois elle dure quelques semaines, comme elle peut durer plusieurs années.

TROISIÈME PÉRIODE, OU DESTRUCTIVE.

Dans cette période, la fièvre hectique survient journellement; les pommettes saillantes deviennent jaunâtres, les conjonctives luisantes et bleuâtres; les lèvres se contractent. L'amaigrissement fait de rapides progrès, les espaces intercostaux s'enfoncent; des exacerbations précédées d'horripilations ou de frissons accompagnés d'une sensation de chaleur très-vive et sèche, et d'une forte coloration des joues. Le malade est inquiet, s'endort difficilement. Au réveil, il est baigné de sueur; la toux devient excessivement fatigante. La dyspnée, très-forte, s'augmente lorsque le malade parle, marche, monte les escaliers, s'habille ou se livre à un exercice quelconque, la respiration est très-fréquente et très-pénible. Les crachats deviennent muco-purulents, d'un blanc jaunâtre, ayant l'aspect d'un tissu désorganisé, et montrant des traces de la membrane pigmentaire vasculaire. Dans un degré plus avancé, les crachats deviennent purulents, composés de leucocytes et de globules pyoïdes qui ramollissent les tissus, les détruisent, et forment une espèce de fosse ou caverne dans le parenchyme pulmonaire : cette fosse est remplie d'une matière putride accomplissant un phénomène destructeur par la putréfaction. La percussion donne un son obscur et mat, par suite de l'épaisseur plus considérable des parois de la caverne et par l'infiltration plus abondante.

La respiration, dans cette période, prend divers caractères : Au début, le râle muqueux, accompagnant l'expiration prolongée, change en un craquement accompagné d'un souffle bronchique voilé dans la fosse sous-épineuse, plus souvent du côté droit ; puis on entend, avec la respiration caverneuse, comme un tintement métallique passager et un bruit ressemblant au bouillonnement d'un liquide demi-épais. La douleur entre les deux épaules et quelquefois sur le devant, dans la région sous-mammaire, augmente à la suite d'un accès de toux pénible et fatigant. L'air expiré chez les malades de cette période ressemble à l'odeur qu'exhalerait une cuve humide ou du bois pourri.

Parmi les diverses complications de la consomption, les troubles digestifs produits par la tuberculose intestinale enlèvent de bonne heure les personnes tuberculeuses.

A la fin de cette période, l'amaigrissement arrive à un degré extrême : les muscles cervicaux et thoraciques, ainsi que le système musculaire, s'atrophient ; l'épiderme se desquame ; la peau devient livide ; ses vésicules, gorgées de sang, se dilatent. On observe des réseaux bleuâtres dans les téguments du thorax, causés par suite du rétrécissement de la peau des veines thoraciques, par l'adhérence pleurétique, ce qui les empêche de se vider dans les veines intercostales. Les tissus graisseux sous-cutanés et intérieurs disparaissent ; les cheveux tombent. Le malade perd toutes ses forces ; la fièvre hectique est continuelle. La dyspnée le prive de l'usage de la parole, rend la déglutition et la mastication des aliments très-difficiles. Enfin, le malade prend une physionomie cadavérique. Il lui survient un certain bien-être relatif qui lui fait entrevoir la perspective d'une guérison prochaine ; il tombe ensuite dans un tel état de somnolence, qu'il s'endort dans la mort, qui l'emporte sans la lutte de l'agonie.

La durée de cette période dépend de la force constitutionnelle ; quelquefois elle se prolonge quelques semaines ou quelques mois, mais la mort en est toujours le terme.

Traitement de la première période.

Comme nous ne voyons guère les malades que dans la troisième phase de cette période, c'est-à-dire dans l'état catarrhal, c'est donc ici que nous devons nous appliquer à éloigner toutes les conditions morbides de la maladie; c'est ici que de toutes nos forces nous devons faire comprendre aux malades les conséquences funestes auxquelles ils s'exposent en négligeant l'état catarrhal; surtout ceux qui, prédisposés par une diathèse quelconque, ou par le milieu dans lequel ils vivent, se trouvent dans les conditions les plus favorables au développement de la maladie qui, insensiblement, les amène à la période destructive, d'où, comme nous l'avons déjà dit, notre art est inhabile à les tirer. Dans cette situation, la nourriture doit être choisie dans les meilleures conditions possibles; éviter et combattre avec le plus grand soin tout ce qui peut irriter le poumon, et surtout changer les conditions climatiques susceptibles de favoriser la persistance de la maladie.

Quoique, dans ce qui précède, nous nous soyons déjà longuement entretenu des causes déterminant la maladie pulmonaire, nous avons réservé pour chaque article concernant le traitement de chaque période des observations importantes; peut-être même quelquefois reviendrons-nous sur ce qui déjà a été dit, afin que le malade, dont l'attention sera surtout appelée par les articles traitant des moyens curatifs de son mal, ait constamment présente à l'esprit l'imminence du péril qu'il encourt, si, par négligence ou insouciance, il se sentait disposé, ainsi qu'il arrive souvent, à remettre à plus tard une assiduité de soins déjà impérieusement nécessaire.

Parmi les causes précitées qui rendent la maladie pulmonaire si commune aujourd'hui, il en est une incontestablement majeure : c'est la négligence du mal à sa naissance.

Pourquoi cette incurie, cette négligence, cette insouciance, en présence d'une maladie aussi grave?

Nous devons l'attribuer au peu de cas que l'on fait d'un rhume. Le rhume est toujours le commencement de la phthisie. Comment est-il donc possible, en présence d'une semblable vérité, de s'exposer si gratuitement, faute de quelques misérables précautions, aux conséquences funestes de la plus terrible maladie? Et cependant, journellement, n'entendons-nous pas dire : Un rhume! qu'est-ce que c'est que ça? Une misère, rien; soigné ou non, il guérira tout aussi bien.

Un vieil adage ne dit-il pas : « Un rhume soigné dure trois semaines; négligé, quarante jours. »

Imprudents, qui vous riez de cette affection insignifiante lorsqu'elle est soignée ; ignorez-vous donc que, dans le cas contraire, cette faible étincelle avec laquelle vous jouez, peut, sans que vous puissiez en arrêter les ravages, allumer en vous un feu dévorant qu'on appelle phthisie, et qui, un jour, vous fera appeler *poitrinaire !*

Les plus robustes aussi bien que les plus faibles ont succombé dans cette lutte. Si c'est sur votre force que vous comptez, vous voyez donc bien que vous avez tort, et que nous qui cherchons à étudier les plaies de l'humanité pour les guérir, il est de notre devoir d'appeler votre attention sur cette affection si commune, pour cela si négligée.

Cherchons maintenant, dans un autre ordre d'idées, la cause de la prédisposition à la maladie pulmonaire ; étudions le mal à sa source : puisse-t-elle un jour se tarir, et avec elle tant de larmes qui arrosent nos cimetières !

Les fonctions du médecin sont un véritable sacerdoce. Grand prêtre présidant au grand phénomène si mystérieux de la maternité, il se doit tout entier à la mère, dont la fécondité forme la société, le monde, la vie; à l'enfant, nouvel athlète qui va grandir pour lutter, combattre dans cette grande arène qu'on appelle le monde, d'où à son tour il sortira à bout de forces, épuisé, pour aller s'endormir dans l'ombre du tombeau, laissant après lui sa trace dans les enfants de son sang. Le médecin ne doit donc pas seulement être un instrument aidant au grand travail de la maternité; ses fonctions doivent tendre vers un autre but, et c'est là le sublime de sa mission : il doit préparer pour la société les êtres qu'il reçoit des mains de la nature, en observant avec la plus minutieuse attention tout ce qui peut nuire à leur constitution. Il doit chercher s'il n'existe pas chez les parents un germe funeste, pouvant prédisposer l'enfant à la tuberculose appelée héréditaire, tel que les scrofules, la tuberculose, le rachitisme. Si ces indices sont reconnus chez la mère, l'empêcher d'allaiter, et la remplacer dans cette importante fonction par une bonne, forte, saine et vigoureuse nourrice, dont on aura examiné la consistance du lait, afin de constater sa richesse en substances alimentaires; surtout observer avec une scrupuleuse attention les ganglions lymphatiques, s'assurer qu'ils ne soient pas tuméfiés, et si d'anciennes cicatrices n'indiquent pas la trace d'une maladie scrofuleuse précédente.

Aussitôt que les enfants sont sevrés, continuer de fortifier leur constitution en les nourrissant d'aliments riches en substances azotées : le lait d'ânesse, de chèvre, le bouillon de veau, etc. Dès que le travail de la première dentition sera accompli, les nourrir de viandes rôties saignantes, leur défendre sévèrement les aliments végétaux riches en cellulose et en amidon, légumes de toute espèce, plus spécialement la pomme de terre, etc.

Le régime composé de lait, de bouillon et de viande rôtie saignante doit être suivi pendant toute la durée de l'enfance, afin de combattre les prédispositions et éviter les dangers qui pourraient menacer les enfants susceptibles par leur naissance de recueillir un si triste héritage.

Les enfants nés dans ces conditions doivent autant que possible être élevés à la campagne, là surtout où le sol est sablonneux, dans le voisinage des sapinières; leur âpre senteur est tonique et fortifiante. En général, ce genre de vie, l'influence de l'air pur tamisé par les forêts de sapins, imprégné de leur bienfaisante odeur, suffisent pour améliorer complétement la santé de ces chers petits êtres. Cependant, si, malgré ces conditions, on ne remarque pas d'amélioration, que la faiblesse et la pâleur de la peau persistent, suivre le régime suivant :

Le matin, prendre du lait de chèvre avec du pain au lactate de fer de Bessière, et le soir administrer de l'huile de pied de bœuf, suivant l'âge de l'enfant :

De deux à quatre ans, 4 cuillerées à café; deux le matin, deux le soir.

De quatre à huit ans, 2 cuillerées à soupe; une le matin, une le soir.

De huit à douze ans, 4 cuillerées à soupe; deux le matin, deux le soir.

Pendant toute la durée de ce traitement, le séjour à la campagne est de rigueur; s'abstenir d'envoyer l'enfant à l'école, où d'ordinaire l'air est vicié, chargé de carbone et d'acide carbonique, par suite de la grande agglomération d'enfants; et puis ils y sont privés du sommeil qu'exigent leur âge et le développement de leurs organes.

Si chez les adultes survient un rhume ou catarrhe bronchique avec persistance de la pâleur de la peau et des muqueuses, encore le grand air, la campagne et le traitement suivant : Se nourrir de pain ferrugineux et d'aliments azotés; boire de l'eau de trèfle (*Trifolium repens*); administrer de l'huile de pied de bœuf additionnée d'huile phosphorée : pour 500 grammes d'huile de pied de bœuf, 30 grammes d'huile phosphorée, trois cuillerées à soupe par jour. On aura le soin d'éviter les médicaments pouvant exciter ou occasionner l'irritation des muqueuses, bronchique, stomacale et intestinale, ainsi que le font toutes ces préparations iodées à la mode inventées contre les maladies pulmonaires.

Nous n'avons qu'à nous féliciter de ce mode de traitement hygiéno-thérapeutique ; il paralyse et détruit chez le malade le germe de la maladie tuberculeuse résultant de la négligence des parents ou de causes héréditaires. Nous avons réussi à développer par ces moyens une constitution saine et forte chez certains enfants nés de parents tuberculeux, et dont les mères, pour quelques-uns d'entre eux, avaient succombé quelques semaines après l'accouchement, à la suite d'infiltrations tuberculeuses d'une phthisie galopante.

Traitement de la deuxième période, ou phthisique.

Ordinairement les malades attendent d'être entrés dans cette période pour venir nous consulter, ou, s'ils se sont soignés dans la première, ils l'ont fait légèrement, ce qui de leur part est une négligence coupable dont bientôt ils ont lieu de se repentir. Que nous répondent-ils lorsque, cherchant le mal et remontant à sa source, nous trouvons trace des premiers pas de la phthisie?

— Je sais bien ; seulement j'ai pris un froid à la suite duquel j'ai ressenti un violent rhume de cerveau suivi d'une toux persistante depuis plusieurs semaines, mais l'appétit est toujours satisfaisant.

— Vous enrhumez-vous souvent, surtout quand il y a changement de température?

— Oui, assez souvent.

— Éprouvez-vous de la difficulté dans la respiration?

— Oui, surtout quand je marche vite, quand je monte un escalier.

— Êtes-vous agité et ressentez-vous une sensation de chaleur aux joues dans l'après-midi ou le soir?

— Oui, j'éprouve cette sensation de chaleur après le repas.

— Transpirez-vous pendant la nuit?

— Peu; quelquefois le matin.

— Digérez-vous bien?

— Parfaitement; cependant il m'arrive souvent d'éprouver un dérangement.

— Quand vous toussez, ne ressentez-vous pas des douleurs dans la poitrine?

— Oui, quelquefois, je ressens un léger picotement.

— Crachez-vous du sang?

— Oui, quelquefois, mais rarement.

Après ces questions et un examen minutieux du malade, nous constatons dans la fosse sous-épineuse, plus souvent à droite qu'à gauche, une diminution de sonorité avec résistance au doigt, un affaiblissement du murmure vésiculaire; pendant l'expiration prolongée, on remarque un souffle rude, des craquements humides; des crachats d'une couleur d'un blanc jaunâtre opaque, une extrême pâleur de la peau; une douleur persistante sous les clavicules ou derrière l'épaule droite; de la flaccidité dans les muscles, et un amaigrissement très-prononcé : indices certains que l'état général devient sérieux, et que le malade entre dans la période phthisique.

Dans ce cas, si le catarrhe bronchique persiste, précédant la tuberculose ou accompagnant son premier développement, en mettant obstacle à la circulation et à l'oxydation du sang, alors le système sanguin devient malade, chargé d'oxyde de carbone ou d'acide carbonique et de globules blancs. Le sang perd donc une partie de son action, et devient inefficace à la nutrition des organes, qui s'affaiblissent: la pâleur de la peau et des muqueuses en sont l'indice incontestable.

Dès qu'on s'aperçoit de cet affaiblissement de la constitution, le malade doit se soumettre au régime et au traitement suivants :

Séjour à la campagne; bonne nourriture favorisant le développement de l'azote; les légumes azotés, tels que les lentilles et les fèves, préparées à l'huile, etc.; préparations à l'huile et bols ferrugineux, comme le phosphate de fer, etc.

Si, soumis à ce traitement et à ce régime, l'état du malade ne s'améliore pas, et que, malgré tous les soins, il entre dans la troisième période, ou destructive, l'art ne possède encore aucun moyen certain de sauver le malheureux si profondément engagé dans le chemin que la phthisie ouvre à la mort.

Cependant la guérison n'est pas au-dessous des forces de la nature, mère prévoyante, qui alors vient en aide à l'art du médecin. C'est donc par les soins hygiéno-climatologiques qu'il faut espérer triompher du mal; on arrive ainsi à prolonger indéfiniment la vie des phthisiques. Souvent, pendant ce temps, la maladie s'arrête; les organes profitent de ce repos pour se réconforter : alors les malades peuvent espérer une guérison radicale. On arrive à ce but en conduisant le malade dans un pays où règne constamment un air pur, riche en oxygène, chaud et très-sec, sous l'influence duquel s'arrête et devient impossible la fermentation putride. La nutrition générale s'améliore; la matière morbide tuberculeuse perd de sa force destructive; les tubercules se ramollissent, se séparent, s'absorbent, et se transforment en concrétions crétacées qui, passant par les bronches, sont chassées au dehors par les efforts de la toux.

Nous avons observé ce phénomène chez une grande partie de nos malades phthisiques traités sous la bienfaisante et sanitaire influence du ciel toujours pur du climat constamment uniforme de la Thébaïde (haute Égypte).

Traitement de la troisième période, ou destructive.

Voici le caractère que prend la maladie, et les accidents qui signalent la troisième période :

La fièvre hectique prend un caractère typique double à midi et le soir ; les exacerbations deviennent plus prononcées et se manifestent par un léger frisson le soir. La dyspnée tourmente le malade avec plus de force que dans la période précédente ; il est anéanti par la violence de la toux, l'expectoration et les sécrétions purulentes ; l'haleine devient plus fétide ; les sueurs nocturnes qui baignent le malade exhalent une odeur ressemblant assez à l'humidité d'une cuve ou d'une pourriture végétale. Les tissus graisseux disparaissent presque totalement ; l'amaigrissement arrive à un si haut degré, que le malade a l'aspect d'un cadavre. Ensuite survient un retentissement exagéré de la voix ; on entend un bruit de gargouillement assez étendu, de la respiration caverneuse ; la matité est très-prononcée et égale partout; le caractère stéthoscopique joint aux phénomènes de l'épaisseur de la paroi des cavernes et d'infiltrations abondantes dans le parenchyme du poumon.

Or, comme nous ne possédons aucun remède positif contre cet état de la maladie, et que nous sommes impuissants pour empêcher les effets terribles de la consomption, qui, peu à peu détruisant la vie organique, amène sa victime lentement jusqu'à la tombe, il ne nous reste plus, dans cette dernière hypothèse, qu'un seul espoir, qu'un seul remède, phénomène étrange que la nature seule a le droit d'opérer. C'est donc à elle qu'il faut le demander : toute-puissante, elle renferme dans ses mystères cette suprême puissance qui autrefois fit fendre à Lazare la pierre du tombeau.

Point de remède donc contre la période destructive de la phthisie : la nature jusqu'ici a voulu garder le droit de rendre au phthisique cette vie que son souffle n'a plus la force de garder, que ses poumons se refusent d'aspirer. Laissons à ce grand médecin la plénitude de ses droits ; contentons-nous d'indiquer le traitement le plus rationnel, nourriture azotée, légumineuse, préparée à l'huile, et maintenant choisissons dans le monde l'endroit que la nature semble nous indiquer comme le plus propice pour l'accomplissement du phénomène que nous cherchons à obtenir : un pays chaud, à l'abri des vents froids, sous l'influence de la zone torride, où l'air sera surtout très-pur et riche en oxygène. Par exemple, le climat chaud et sec de la Thébaïde égyptienne.

D'après nos recherches géographiques et de statistique médicale, nous avons constaté que le climat de la haute Égypte est unique par son influence sur le traitement des maladies pulmonaires. Si la maladie ne se guérit pas radicalement par son action sanitaire, elle finira par s'arrêter. C'est pendant ce temps d'arrêt que les organes attaqués se reposeront, et que pourra s'opérer le phénomène de la guérison.

La Thèbes aux cent portes est un asile que la nature offre comme refuge aux pauvres phthisiques qui viennent d'outre-mer pour demander à la pureté du climat oriental de prolonger leur vie languissante ; réchauffés et nourris au sein de ce resplendissant et bienfaisant climat, ils sentent comme une nouvelle vie pénétrer par leurs pores, rendant au cœur les battements qui semblent s'éteindre, en même temps que se ronge et se consume l'enveloppe qui le protége.

INFLUENCE SANITAIRE

DU CLIMAT DE LA MOYENNE ET DE LA HAUTE ÉGYPTE SUR LES AFFECTIONS PULMONAIRES.

Si nous interrogeons cet immense monument de la science laissé par les vieux savants de l'Égypte dont les premières traces commencent 2500 ans avant l'ère chrétienne, nous ne trouvons chez aucun d'eux mention de l'existence de la maladie pulmonaire en Égypte, maladie si fréquente en Europe. Ainsi le papyrus médical traduit par le savant Brugsch, qui se trouve au musée égyptien de Turin, un autre dont le possesseur est l'Américain Smith, égyptologue distingué, ne font pas du tout mention de la maladie pulmonaire. Ces documents précieux, les plus anciens de tous, ne sont-ils pas une preuve suffisante pour nous convaincre? L'état actuel de l'Égypte n'est-il pas encore une confirmation puissante de l'idée qui nous fait admettre que la maladie pulmonaire n'y peut exister, ni ne peut résister aux conditions climatiques de ce pays?

Les historiens anciens, Hérodote, Diodore de Sicile, viennent encore confirmer notre opinion, surtout Hérodote, qui, dans ses relations de voyage à Héliopolis, à Thèbes et en Libye, où il séjourna longtemps, nous affirme n'avoir jamais rencontré un seul individu atteint de la maladie pulmonaire.

Celse (*De phthisi*, lib. III, cap. XXII) recommande aux phthisiques le séjour en Égypte, s'exprimant en ces termes : « Opus est cœli mutatione, sic ut densiùs » quàm id est quò discedit æger petatur ; ideòque » Alexandriam ex Italia itur. »

Pline le jeune raconte ainsi la guérison de son ami Zozimus, guéri de phthisie, laquelle suivit un voyage de ce dernier en Égypte : « Ante aliquot annos sangui- » nem rejecit, atque ob id in Ægyptum missus a me, » post longam peregrinationem, confirmatus rediit » nuper. »

Galien (Claude), dans ses œuvres sur la thérapeutique et *De locis affectis*, nous enseigne que, pendant son séjour de plusieurs années à Alexandrie, où il fit une étude très-approfondie de l'anatomie, il n'a remarqué que quelques individus atteints de phthisie, seulement chez les étrangers venus d'Europe.

Notre séjour pendant trois années en Égypte nous a amené à constater les faits suivants : Parmi les habitants de l'Égypte, il n'y a guère que trois classes susceptibles de contracter quelquefois le germe de la maladie pulmonaire ; ce sont :

1° Les Abyssins, les nègres originaires du Soudan, du Kordofan, ou des autres pays équatoriaux, au nombre desquels il faut surtout ranger les eunuques, plus susceptibles de contracter le germe de la maladie, à cause du changement extrême, soumis à une température plus froide, comparée aux chaleurs équatoriales auxquelles ils étaient habitués.

2° Les Saïs, que leurs fonctions mettent dans l'obligation de courir constamment en précédant les voitures, exercice pénible, fatigant, provoquant une transpiration presque continuelle, souvent brusquement interrompue par l'obligation dans laquelle ils sont de s'arrêter, surtout dans la saison du printemps où l'air est plus vif et plus froid ; alors ils s'enrhument, se négligent, et contractent la maladie pulmonaire.

3° Les femmes circassiennes, abyssiniennes, turques, en général toutes femmes habituées à vivre dans l'indolence et l'oisiveté du harem, d'où elles sortent rarement, et jamais pour prendre les exercices gymnastiques si nécessaires à l'entretien de l'organisme. Dans ces palais somptueux où les femmes reposent comme dans un temple sacré, à l'écart de tout ce qui vit et se meut au dehors, enveloppées du plus profond mystère, les mystérieuses et bienfaisantes influences de la nature semblent s'arrêter sur le seuil de ces palais enchantés ; l'air pur, le soleil y pénètrent rarement ; l'haleine embaumée des champs, cette vie qui s'en exhale, sont repoussées bien loin et remplacées par d'énervants parfums qui vicient l'air qu'elles respirent. A cela joignez les miasmes résultant de l'agglomération d'un grand nombre d'individus sur un même point, et il sera facile de comprendre les mauvaises conditions d'une telle atmosphère, où prédominent l'oxyde de carbone, l'acide carbonique, et en petite quantité le carbonate d'ammoniaque, conditions loin de satisfaire aux nécessités de la respiration physiologique.

Dès que les malades sont envoyés dans la haute Égypte pour y séjourner longtemps, en dehors des habitudes dont nous venons de parler, ils se guérissent, ou leur maladie s'arrête dans son développement destructif.

Nous n'avons jamais rencontré la trace ou la prédisposition à la maladie pulmonaire chez les indigènes Arabes, les Coptes, les Syriens, les Turcs, les Grecs, et surtout chez les fellahs, habitants de la campagne, et les Bédouins, ces enfants du désert, dont la poitrine toujours à longs traits aspire le grand air qui les baigne. Malgré la facilité avec laquelle ils s'enrhument pendant la saison froide, décembre, janvier et février, ces rhumes se guérissent presque spontanément, en dépit des logements bas, malpropres, étroits, humides, qu'ils habitent, et d'une nourriture insuffisante. C'est donc à la salubrité de l'air qu'ils respirent que nous devons attribuer cette victoire de la nature contre la misère. En effet, cherchons dans nos villes les habitants vivant dans les mêmes conditions; quelle différence d'aspect, comme la misère est bien partout peinte : hommes, femmes, enfants, n'ont plus de forces, à tel point qu'au sortir de ces bouges, nous sommes à nous demander par quel phénomène la vie peut encore circuler au cœur de ces foyers d'infection.

Chez les habitants de la haute Égypte et de la Nubie, nous n'avons pas même observé l'ombre de la plus légère bronchite; quelquefois un rhume, mais d'une durée très-éphémère. La constitution des fellahs, des Arabes et des Nubiens, est vigoureuse et forte, les muscles et la cage pectorale sont fortement développés.

Les scrofules sont excessivement rares chez ces habitants : sur 1000, à peine avons-nous observé un enfant scrofuleux. En somme, pas de diathèse scrofuleuse, cachectique ou syphilitique; nous n'en avons pas trouvé une seule rachitique ou chlorotique. L'accouchement est presque toujours très-facile, à moins d'obstacles dépendants de la position ou de la présentation de l'enfant. Les coqueluches, la grippe, le croup, la laryngite, la pneumonie, la pleurésie, en un mot toutes les maladies trachéo-pleuro-pulmonaires sont d'une excessive rareté. Les maladies qui sévissent surtout sur les enfants sont : la petite vérole, très-commune en Égypte, la fièvre intermittente pernicieuse, la méningite, et surtout la dysenterie.

En résumé, l'expérience nous démontre que les conditions susceptibles d'empêcher le développement de la maladie pulmonaire sont : la gymnastique respiratoire, la lumière du soleil, l'atmosphère sèche et incessamment renouvelée, l'espace et la liberté.

Sans eux, le sang devient malade, la vie s'affaiblit, la dégénérescence de l'espèce humaine augmente, les hommes s'étiolent ; au lieu d'une génération forte, vigoureuse, puissante, nous voyons, traversant la vie, de pâles ombres déjà enveloppées du linceul mortuaire.

Si, à côté des habitants de la ville, nous comparons les habitants de la campagne, quel contraste ne s'établit-il pas ? Les premiers, faibles, scrofuleux, rachitiques, portent en eux l'empreinte de la dégénérescence ; les autres, au contraire, fortement constitués, pleins de vigueur, de force, de jeunesse et de santé.

C'est que les premiers habitants de nos tristes Sodomes vivent partagés entre le tourbillon des plaisirs et le tourment des affaires, l'esprit constamment inquiet et préoccupé, le cœur malade. En dehors de tout cela, rien qui puisse rassurer, calmer cette existence que ronge la fièvre du plaisir, qu'empoisonne le souci des affaires : l'air pur ne règne même pas autour d'eux pour rafraîchir leurs têtes en feu et leurs poitrines oppressées ; ils restent enfermés dans la ville comme dans un tombeau dont ils aspirent les miasmes impurs.

Les autres, au contraire, ont une vie calme, régulière. Les forces que les pénibles travaux du jour réclament se trouvent promptement réparées par le repos qu'ils goûtent, exempts de toute préoccupation ; ils ont cette tranquillité de l'esprit propre au travailleur joyeux du bonheur que procure la satisfaction du devoir rempli ; et puis ce grand air qu'ils respirent à pleins poumons, le parfum des fleurs de la prairie, l'âpre senteur de la montagne, la verdure, les champs, les prés, la liberté ! Comment voulez-vous que la phthisie puisse vivre dans ce milieu ? Tout, là, se conjure contre elle, ennemie de l'air pur. Il n'est pas un seul flot de cet air souillé d'impuretés : ces parfums que la brise promène n'émanent-ils pas des simples, des fleurettes des champs, des bruyères de la montagne, trésors de la nature, portant en eux le principe de la vie ? Dans la chaumière, jamais n'entre l'orgie, ce satellite si puissant à lui aider à saisir sa proie. La seule débauche qu'on s'y permette, c'est, si la fatigue du jour a été plus grande que d'habitude, une jatte de lait ou un verre de vin de plus : lait donné par les vaches de la ferme, gras, bienfaisant, et qui double les forces ; le vin, la vigne qui l'a fourni est à côté, le pressoir est dans la grange : c'est du raisin, rien que du raisin, et pas ce poison qu'on vend dans les villes, dans lequel n'en entre pas un seul grain.

Telle est la raison de cette santé qui brille sur le visage du paisible habitant de la campagne. Aussi donnons-nous à nos malades ce dernier conseil, dès qu'ils se sentent atteints du premier germe de la phthisie : Allez demander à la vie champêtre, d'abord la tranquillité et le repos de l'esprit, puis aspirer à cette source puissante de la vie les forces qui lui manquent, pour permettre aux organes affaiblis de se reconstituer.

Dans ces conditions, avec un traitement sagement dirigé, le malade peut dès la première période étouffer le germe du mal ; mais qu'il ne tarde pas, car chaque pas qu'il fait le mène vers la tombe, et le moment pourrait venir où la nature aussi bien que le médecin resteraient impuissants.

Malheureusement, tous les malades ne peuvent recourir aux sources de guérison qu'offrent de lointains climats ; c'est surtout à ceux-là que doivent s'appliquer les lignes qui précèdent. Quant aux autres, le climat d'Égypte, dont nous avons fait une si longue description, est un de ceux qui sont le plus susceptibles de leur rendre la santé.

Voici la marche que le malade devra suivre pour se rendre en Égypte. Choisir pour ce voyage de préférence le mois d'octobre; se rendre directement au Caire, y séjourner environ un mois. De là s'embarquer sur le Nil pour la haute Égypte, jusqu'à Thèbes. Y séjourner quatre mois; en partir vers la fin du mois de mars, pour revenir au Caire; y passer le mois d'avril et la moitié de mai. A cette époque, partir pour Port-Saïd ou Rosette, y passer l'été jusqu'au mois d'octobre. Continuer la même existence pendant l'année suivante.

Que le malade suive strictement le traitement que nous indiquons pour chaque période, et nous répondons de sa guérison; ou alors il faudrait que la maladie fût bien rebelle pour résister à la bienfaisante influence de ce traitement dirigé dans de si favorables conditions.

ANALYSE

DE L'EAU DU NIL FILTRÉE.

(L'eau a été puisée au mois de février 1866.)

DÉTERMINATION DES MATIÈRES DISSOUTES DANS L'EAU.

1° On a fait évaporer 10 litres d'eau et laissé déposer pendant rois jours.

Poids de la capsule et matières..	27,611 gr.
Vide........................	26,180
Résidu d'évaporation....	1,431 gr.

0,01431 pour 100.

2° On a fait évaporer 5 litres d'eau dans une capsule de platine.

Poids de la capsule et matières.	90,718 gr.
Vide........................	89,989
Résidu d'évaporation....	0,729 gr.

0,01418 pour 100 de matière dissoute.

En moyenne, 0,142 pour 100.

DÉTERMINATION DE LA MATIÈRE ORGANIQUE.

Moyenne de deux essais :

$$\frac{12,026 + 12,23}{2} = 12,125$$ pour 100 de matière organique et sels ammoniacaux.

Acide carbonique :

0,413 gr. de matière ont donné 0,0915 gr. d'acide carbonique = 22,155 pour 100 CO^2.

Chlore :

0,511 gr. ont donné 0,049 gr. chlorure d'argent correspondant à 0,012122 gr. de chlore, 2,372 pour 100 de chlore.

Acide sulfurique :

0,511 gr. de matière ont donné 0,041 gr. d'acide sulfurique = 2,755 pour 100 SO^3.

Peroxyde de fer :

0,844 gr. de matière ont donné 0,0188 gr. de peroxyde de fer = 2,227 pour 100 peroxyde de fer (FeO).

0,844 gr. de matière forment 0,0032 gr. d'acide phosphorique = 0,379 pour 100 PhO^5.

Chaux :

0,844 gr. ont donné 0,132 gr. chaux, 15,64 pour 100 chaux (CaO).

Magnésie :

0,844 gr. de matière ont donné 0,242 gr. pyrophosphate de magnésie correspondant à 0,087207 gr. magnésie, 10,332 pour 100 MgO.

Acide silicique :

0,844 gr. ont donné 0,1195 gr. d'acide silicique = 14,159 pour 100 SiO^2.

Soude et potasse :

0,413 gr. de matière ont donné 0,135 gr. chlorure de sodium et de potassium, 0,063 gr. chlorure double de potassium et de platine = 0,04551 gr. sodium = 0,06134 gr. soude = 0,11575 gr. chlorure de sodium = 14,852 pour 100 soude.

0,063 gr. Ka, Pb = 0,01362 gr. potasse = 3,3 pour 100 potasse.

RÉSUMÉ DES RÉSULTATS.

Acide carbonique.................	22,155
— sulfurique..................	2,755
— silicique..................	14,159
— phosphorique.............	0,379
Chlore.........................	2,372
Peroxyde de fer..................	2,227
Chaux.........................	15,640
Magnésie......................	10,332
Soude.........................	14,852
Potasse.................... ...	3,300
Matières organiques et sels ammoniacaux.....................	12,125
Pour 100.........	100,296

CONTENU DU RÉSIDU DE L'EAU DU NIL POUR 100.

Acide carbonique	22,155
— sulfurique	2,755
— silicique	14,159
— phosphorique	0,379
Chlore	2,372
Peroxyde de fer	2,227
Chaux	15,640
Magnésie	10,332
Soude	14,852
Potasse	3,300
Matières organiques et sels ammoniacaux	12,125
Pour 100	100,296

	Pour 100 d'eau.	Pour un litre d'eau.
Acide carbonique	0,00314	0,00314
— sulfurique	0,00039	0,00039
— silicique	0,00201	0,00201
— phosphorique	0,00005	0,00005
Chlore	0,00033	0,00033
Peroxyde de fer	0,00031	0,00031
Chaux	0,00222	0,00222
Magnésie	0,00146	0,00146
Soude	0,00210	0,00210
Potasse	0,00046	0,00046
Matières organiques et sels ammoniacaux	0,00172	0,00172
Pour 100	0,01419	0,01419

ANALYSE CHIMIQUE DU TERRAIN OU LIMON DU NIL.

Acide silicique	13,409
— carbonique	16,205
— sulfurique	3,104
— phosphorique	0,769
— arsénique	0,004
Chlore	4,382
Peroxyde de fer	7,141
Chaux	13,232
Alumine	6,306
Magnésie	8,334
Soude	9,862
Potasse	4,400
Matières organiques et sels ammoniacaux	13,138
Pour 100	100,286

COMBINAISON DES SELS MINÉRAUX.

Oxyde de fer.
— d'alumine.
Phosphore acide.
Carbonate de chaux.
Sulfate de chaux.
Silicate de chaux.
Chlorate de soude.
Carbonate de soude.
Nitrate de potasse.
Carbonate de magnésie.
Arséniate de fer.
Matières organiques.

FIN.

TABLE DES MATIÈRES

Paris. — Imprimerie de E. Martinet, rue Mignon, 2.

BIBLIOTHÈQUE IMPÉRIALE
IMPR.

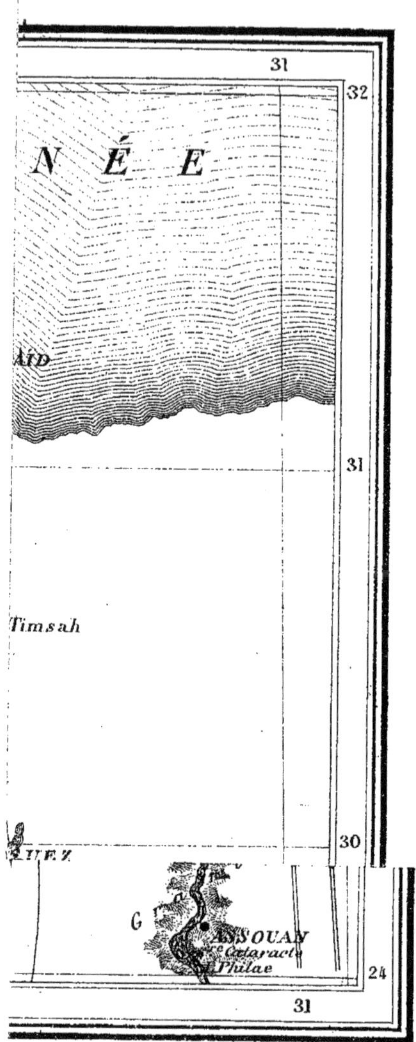

Paris. Imp. Monrocq, 3 r. Suger.

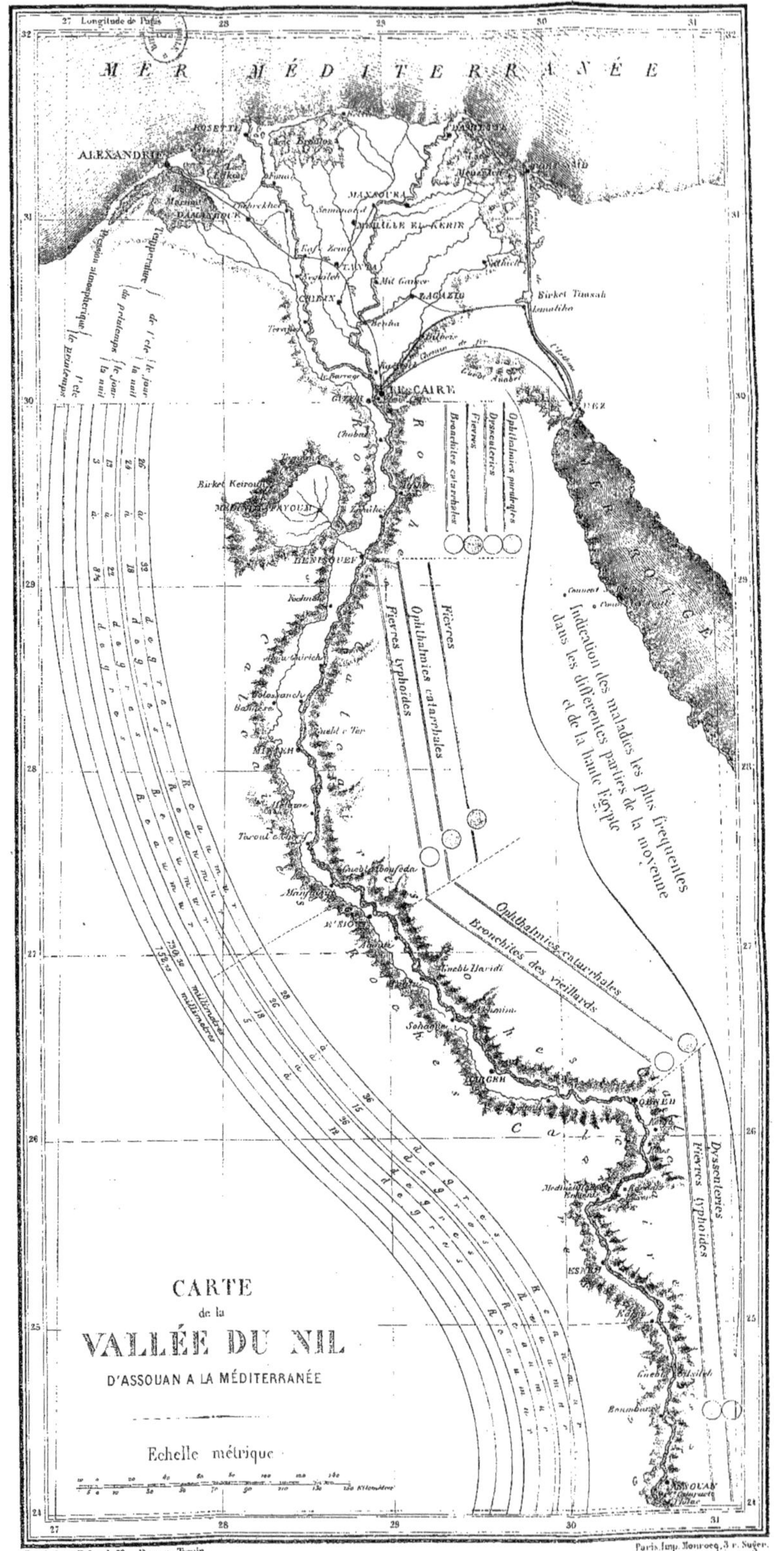

Gravé chez Erhard, 12, r. Duguay-Trouin.

Paris, Imp. Monrocq, 3 r. Suger.

www.ingramcontent.com/pod-product-compliance
Ingram Content Group UK Ltd.
Pitfield, Milton Keynes, MK11 3LW, UK
UKHW020310220726
13923UKWH00003B/1070

9 782019 235888